U0198552

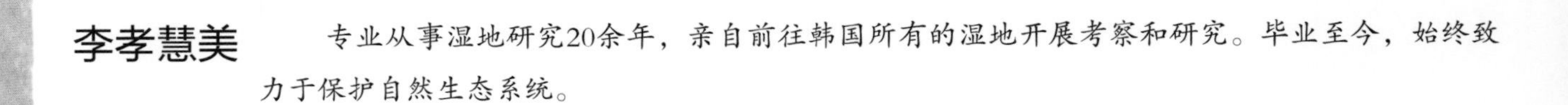

李孝慧美　专业从事湿地研究20余年，亲自前往韩国所有的湿地开展考察和研究。毕业至今，始终致力于保护自然生态系统。

李海丁　韩国绘画师，设计专业毕业。插画代表作有：《信心满满的生活系列：穿好衣服的方法》《孩子们的小团体》《李相熙老师讲述人类的故事》《赛拉老师和朱舒老师》等，并创作了著绘作品《悠哉的邻里观察日记》。

这本书有7个有趣的部分哦!

你好啊 湿地	最让人好奇的湿地之谜
相遇了 湿地	湿地的样子原来如此啊
好奇呀 湿地	湿地的秘密快来看这里
惊讶咯 湿地	湿地的那些“不可思议”
思考吧 湿地	湿地啊湿地我要了解你
享受吧 湿地	湿地的植物长得好有趣
保护它 湿地	珍贵的湿地我来保护你

神奇的自然学校

（韩）李孝慧美 著
（韩）李海丁 绘
崔 瑛 译

辽宁科学技术出版社
· 沈阳 ·

湿地到底是水域还是陆地？

湿地有许多类型，比如我们常见的湖泊、河流、海滩、水库、池塘等，都是湿地。
海滩和河流怎么能算湿地？不可能！博士，湿地到底是什么呀？

湿地探险
这是什么花呀?
哎呀！脚拔不出来了。
在湿地上走路很容易陷下去，千万要注意安全.
这可怎么办呀?
可能是湿地怪物抓住了你的脚.

你知道湿地怪物的传说吗？听说它住在湿地，专门抓爱哭的孩子。
我是湿地怪物！
湿地怪物？
到底有没有湿地怪物呢？
对不起啦，跟你开玩笑的。
以前，人们认为容易陷下去的湿地非常神秘，所以就有了湿地怪物的传说。

滴滴答答，下雨啦！

孩子们赶紧穿着雨鞋，带着雨伞出门了。

唰唰！雨越来越大。

大家在小水洼里啪嗒啪嗒地踩水玩儿。

雨停了，天晴了。
公园的地面依然湿漉漉的。
但是刚才的小水洼不见了。
雨水到底去哪儿了呢？

降水丰富的地区就有可能形成湿地。

湿地的地势一般来说比较低。

阳光不足、排水不畅都是湿地形成的有利条件。

高原地区气温低、蒸发慢，也利于湿地形成。

除了天然湿地，还有人们建造的鱼塘、水库等人工湿地。

水库、水田、池塘、
鱼塘等属于人工湿地。
❺ 河流最终流向大海。
海滩也属于湿地，退潮的时候露出
来，涨潮的时候又会被海水淹没。

去哪里可以找到湿地呢？

在河边就可以看到湿地。

河水经常溢到岸边，溢出来的水无法及时流走，就形成了湿地。

这是河口地区经常会有的湿地。
河水不断溢出，形成了湿地。
水多的地方会形成小池塘。
这里的河水比较浅，可以下水玩儿！
那也要注意安全！

高山上也有湿地。

山上的湖泊和池塘都是湿地。

在水不容易渗下去的地方不断积水，就会形成湿地。

圆叶茅膏菜：为了能在湿地中缺少氧气的环境下生存，圆叶茅膏菜进化出捕虫本领。圆叶茅膏菜的叶子会分泌黏液来捕虫，所以又叫“捕虫草”。

泥炭层：是湿地植物残骸泥炭化后经过日积月累堆积而成的。泥炭层的厚度取决于当地水热条件以及植物生长和分解状况。

海边也有湿地。

涨潮的时候是看不见海边湿地的，因为它被海水淹没了。

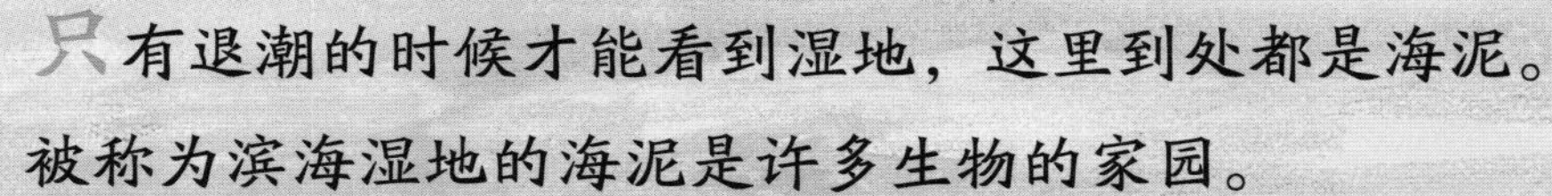

只有退潮的时候才能看到湿地，这里到处都是海泥。

被称为滨海湿地的海泥是许多生物的家园。

沙蚕：栖息在泥沙中，喜欢吃蠕虫及海产小动物。

沙蟹：他们在海泥中挖洞，用灵活的蟹钳捕食。

海之味
渔家
海鲜馆
这里只有大海和沙滩，湿地到底在哪儿呢？
我知道湿地在哪儿。
章鱼：在海泥里挖洞生活。
蛤：是一种生活在海泥中的贝类。它们滤食海水中的食物，同时可以起到净化海水的作用。
弹涂鱼：退潮的时候，它会从泥里钻出来，在地面上“行走”。

水稻的生长需要大量的水。
每年春天，农民会把水引入稻田。
田里积了水之后形成了湿地。
许多生物都生活在这里。
我们鸟类特别喜欢田间，因为这里食物很丰富。
水蚤：长约2毫米，不仔细看，很难发现。别看水蚤个头小，它可是许多鱼类的美食呢。
插秧之前翻翻土，会找到许多种小生物。
(hòu)
鲎虫：听说鲎虫出现在距今2亿多年前的二叠纪，比恐龙还要早，因此被称为“活化石”。

播种之前，先把土块打碎，松松土。

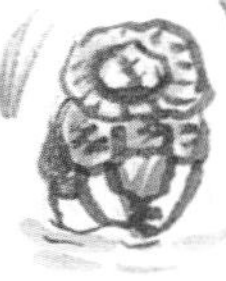

谢谢你帮我引水。

明天你家也开始插秧了吧？

希望今年大丰收。

湿地之下藏煤炭

1.亿万年前，无数的羊齿植物一代接着一代被埋在湿地下面。

2.由于湿地下面缺少氧气，导致被掩埋的植物无法完全氧化分解。

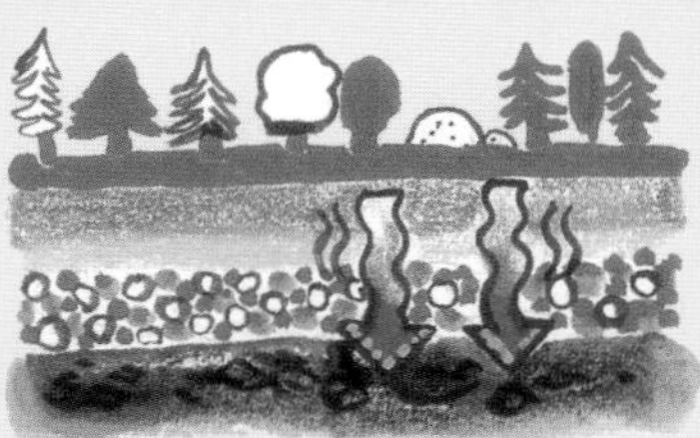

3.这些植物年复一年地堆积、压紧、变质，最后形成了煤炭。

丰年虫：初夏，可以在田间或者水渠里找到它。据说，丰年虫多预示着大丰收。

生长在湿地里的植物

水里的氧气很少，所以人类在水里是不能呼吸的。

湿地环境也一样，水中的氧气很少。

即便如此，依然有很多植物生长在这里。

以前人们认为湿地是既危险又无用的地方。现在人们发现，湿地其实是充满活力的宝地。

完全漂浮在水面上浮游生活的植物叫漂浮植物。它们的根、茎、叶都漂浮在水面上，随波逐流，比如，水鳖、槐叶萍等都是漂浮植物。

睡莲跟荷花是不一样的。睡莲的叶子紧贴在水面上漂浮，而荷花的茎和叶都挺出水面。

完全不露出水面的植物叫沉水植物。根生长在泥中，叶子和茎都生长在水里。典型的沉水植物有金鱼藻等。

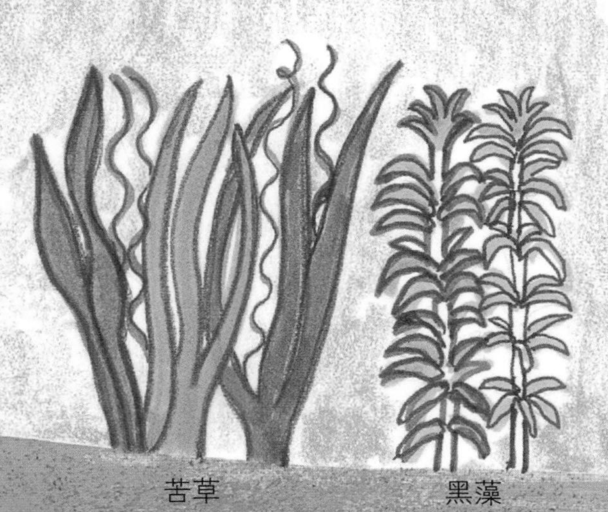

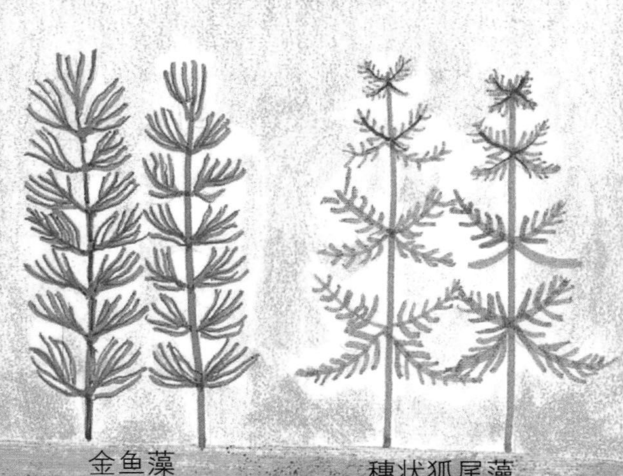

湿地植物的固有特征

植物在缺少氧气的环境中，到底是如何生长的呢？
湿地植物体内拥有像海绵一样的结构，布满了通气孔。
植物通过这些小孔来输送和储存氧气。
植物可以轻松浮在水面上，也是这些小孔的功劳。

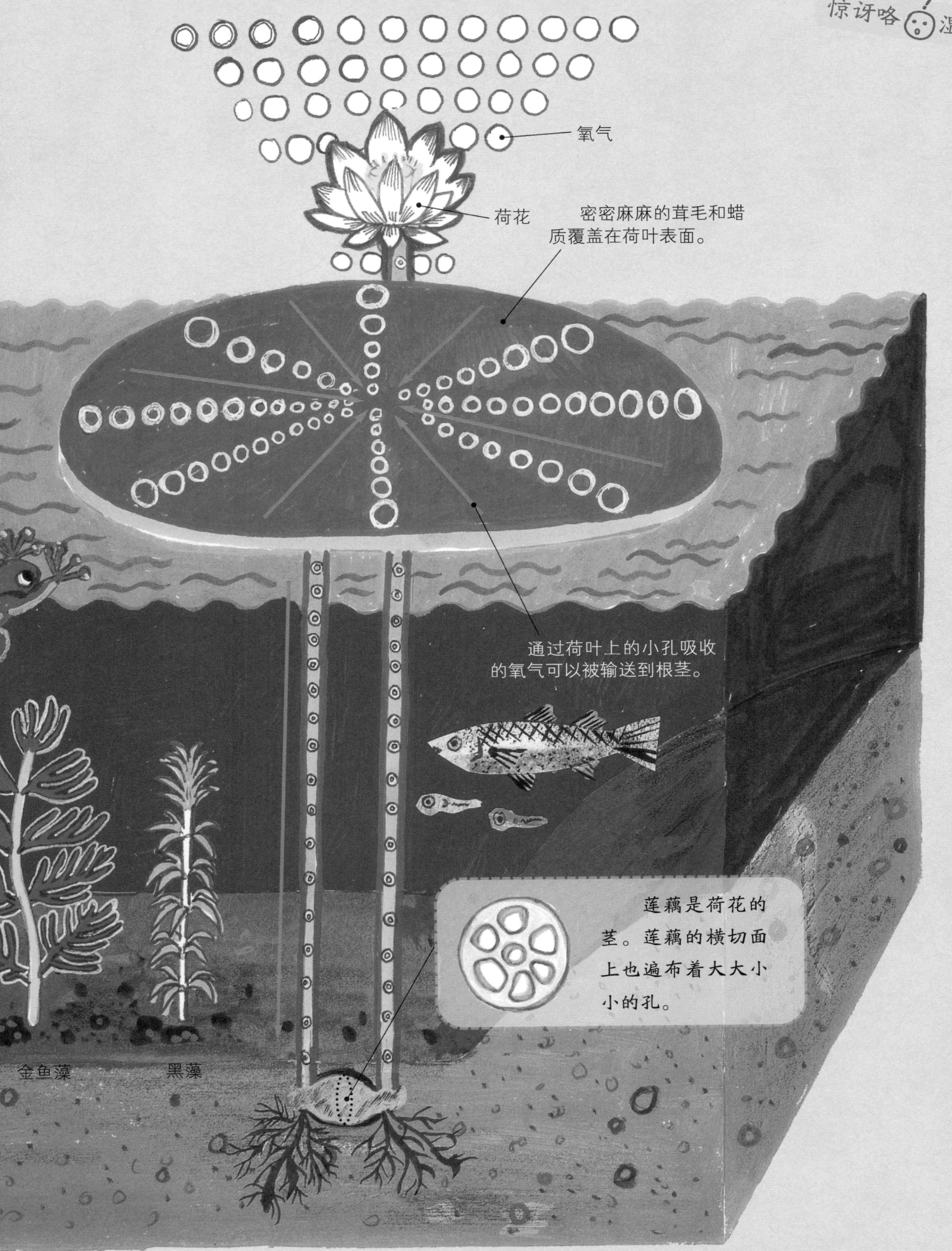

莲藕是荷花的茎。莲藕的横切面上也遍布着大大小小的孔。

生活在湿地里的动物

湿地的水面上，水黾和龙虱脚步匆忙。青蛙在荷叶上蹦蹦跳跳，小鲵藏在落叶下面，小鱼在水里成群结队地游来游去，湿地充满了活力。

水黾：腿上长着具有油质的细毛，可以轻松站在水面上.

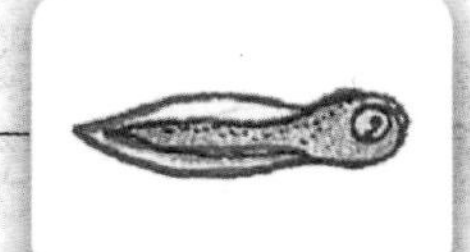

蝌蚪：是青蛙的幼体，靠尾巴在水里游来游去．成年后会长出4条腿变成青蛙，尾巴也会消失.

青蛙：有时在水里，有时在陆地上，是典型的两栖动物．冬天的时候躲进地洞里冬眠.

小鲵：深棕色的身体上布满白色小斑点，白天喜欢藏在落叶或石头下，到了晚上才会出来捕食.

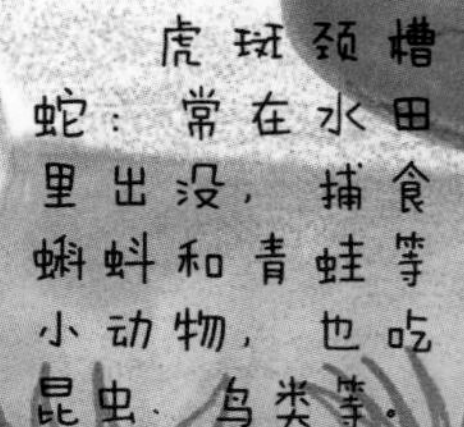

虎斑颈槽蛇：常在水田里出没，捕食蝌蚪和青蛙等小动物，也吃昆虫、鸟类等.

(cōng)
螅：俗称“豆娘”，长得很像蜻蜓，身体看起来比蜻蜓更细长。它们停息的时候会将翅膀合拢。
碧伟蜓：飞行的时候用尾巴轻轻点水，同时在水中产卵。
红娘华：有镰刀一样的前腿，尾部有细长的呼吸器官。
龙虱：喜欢吃水草，也吃小动物的尸体，是水中“清洁工”。
(chūn)
仰泳蝽：终身生活在水中，游泳时背朝下，腹部朝上，好像人类仰泳的姿态。
没想到湿地竟然有这么多生物！
蜗牛：有圆锥形的硬壳，无法在水中呼吸，经常在陆地上活动。

通过湿地的净化，水变干净了。
污染物
湿地的土壤可以过滤杂质，净化水。
慢慢渗入地下深处的水成为地下水，可以防止周围的土地干旱、池塘干涸等，也可以成为饮用水的水源。

湿地既能蓄水，又能净水

雨季时，湿地可以减少河流外溢淹没陆地。湿地的水流速较慢，因此，水中的杂质可以慢慢沉淀。生活在水底的微生物会把杂质分解掉，这样，从湿地流出的水就变干净了。

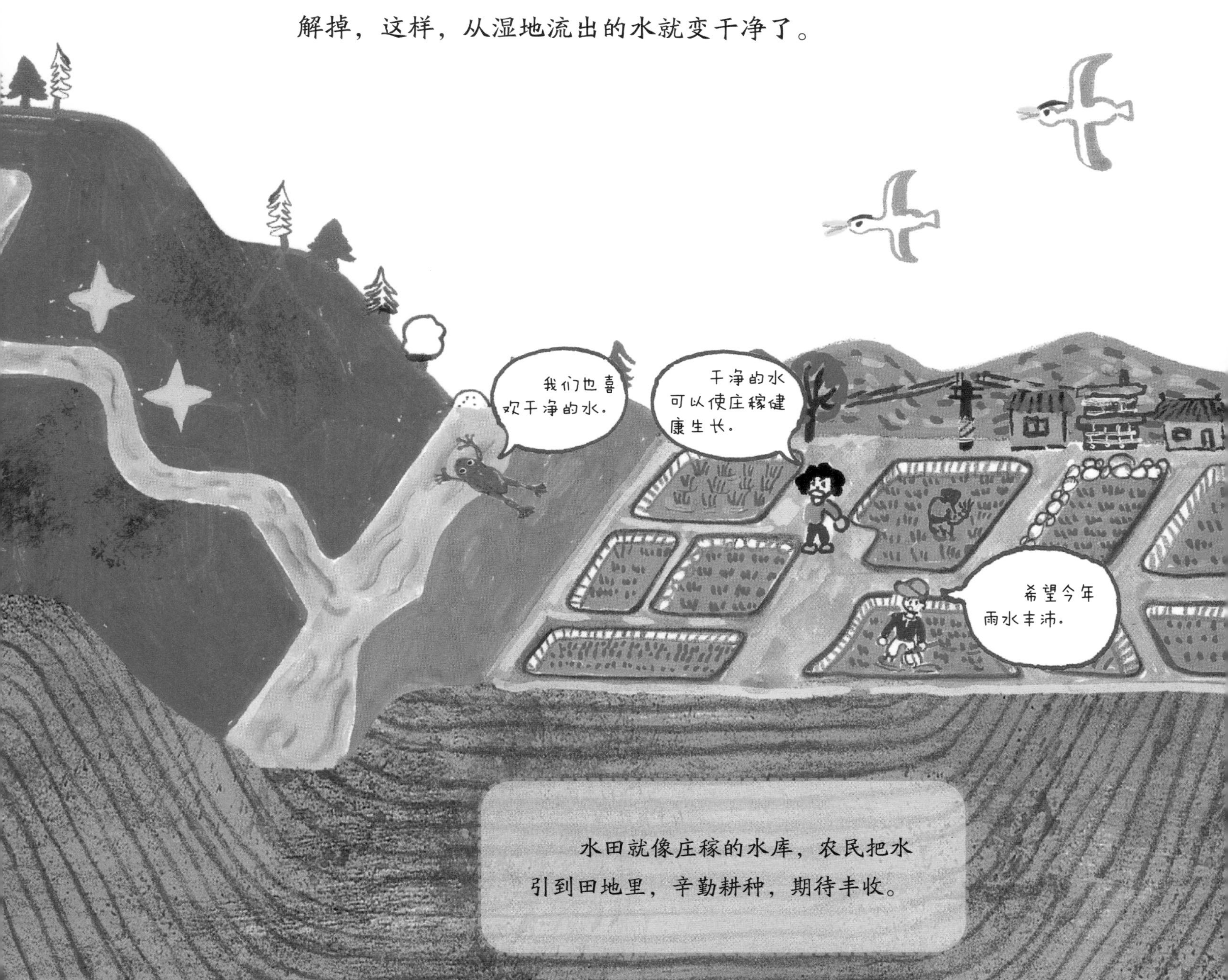

水田就像庄稼的水库，农民把水引到田地里，辛勤耕种，期待丰收。

湿地可以缓解地球温室效应

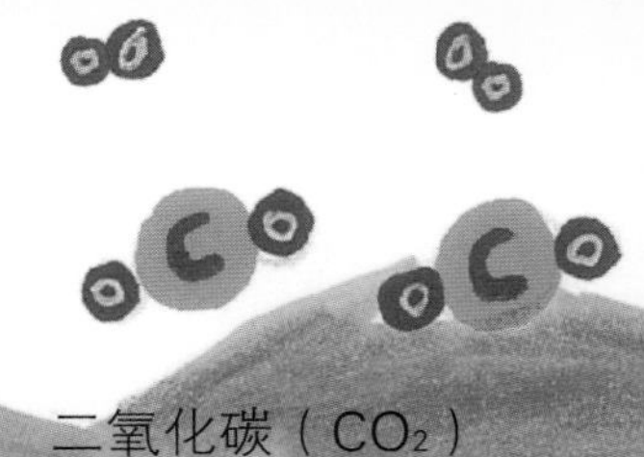

湿地植物生长的过程中，会吸收二氧化碳并释放氧气。生命结束后，植物会沉积在湿地的淤泥里。

植物掩埋在湿地的淤泥中时，吸收的二氧化碳也一起掩埋在湿地的淤泥里，减少了大气中的二氧化碳含量，缓解了地球的温室效应。

湿地提供的食物

很久以前，人们就从湿地收获丰富的食物，比如鲜美的鱼类和贝类，还有重要的食物大米等。

湿地减少会产生各种环境问题

地球上的湿地正快速消失着。近百年来，湿地面积几乎减少了一半，生活在湿地里的动植物也随之减少了。干旱和洪水等自然灾害频繁发生，空气和水中的污染物也越来越多。

水田被改造成平地，建成养殖场或各类工厂。

去年还在的湿地，今年怎么不见了？
我们在哪儿休息呀？
101
102
103
用土填埋海滩后，在上面修建道路，建造高楼，原本生活在这里的各种生物纷纷消失。

保护湿地的公约

经历了一系列的环境问题之后，人们才认识到湿地的重要性。1971年，在伊朗的拉姆萨尔召开了湿地及水禽保护国际会议，通过了保护湿地的《拉姆萨尔公约》。

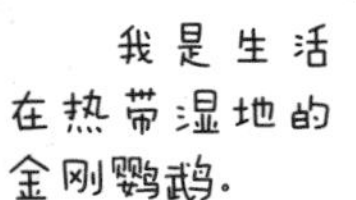

潘塔纳尔湿地：

潘塔纳尔湿地是世界上最大的湿地，位于南美洲巴西马托格罗索州及南马托格罗索州之间，是著名的热带湿地。潘塔纳尔湿地的总面积达242000平方千米，是成千上万种生物的家园。这里生活着金刚鹦鹉、美洲豹等许多珍稀动物。

潘塔纳尔

孙德尔本斯红树林：

孙德尔本斯红树林是世界上面积最大的红树林，位于恒河三角洲地区，濒临孟加拉湾。红树林可以减少土地流失，阻挡海啸、洪水的侵害。孙德尔本斯还是动物的天然栖息地，这里生活着著名的孟加拉虎。

卡卡杜湿地：

澳大利亚国家公园的卡卡杜湿地是鸟类的天堂。这里栖息着众多生物，有鳄鱼、食蜜鸟等各种野生动物，每年有成千上万的鸟类在这里驻足。

珍贵的湿地

以前人们认为湿地是没用的地方，现在已经认识到了湿地的重要性。许多地方的湿地面积在逐年减少，我们应该亲自去观察湿地，感受湿地，更加深刻地体会湿地的重要性。

湿地鸟类逐渐减少

湿地消失时，鸟类会面临危险。由于失去了栖息地，每年来湿地捕食繁殖的候鸟数量就会减少。

大杓鹬：有长长的喙，栖息在湖泊、沼泽、水塘、湿草地、稻田等地。

勺嘴鹬：极度濒危、珍稀的鸟类，栖息于沼泽、湖泊、水塘等地。

观察凤眼蓝

湿地里的水生植物即使没有充足的氧气，也能茁壮生长。

下面，我们通过观察水生植物之一的凤眼蓝，来了解一下水生植物的特点。

❶ 观察凤眼蓝的外表。

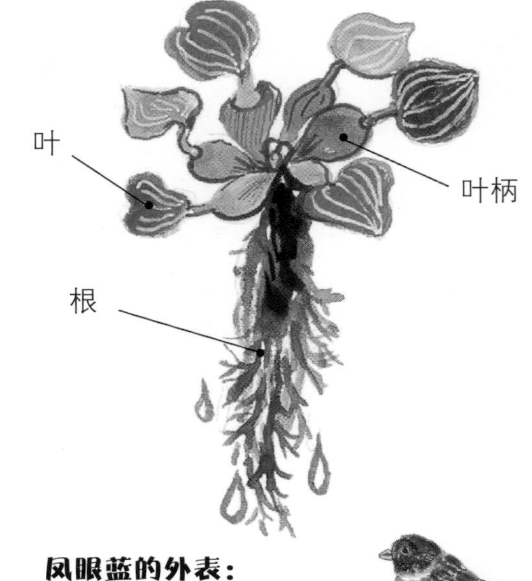

凤眼蓝的外表：

- 总体是绿色的。
- 叶子圆圆的，有光泽。
- 叶柄鼓鼓的。
- 根部长得像胡须。

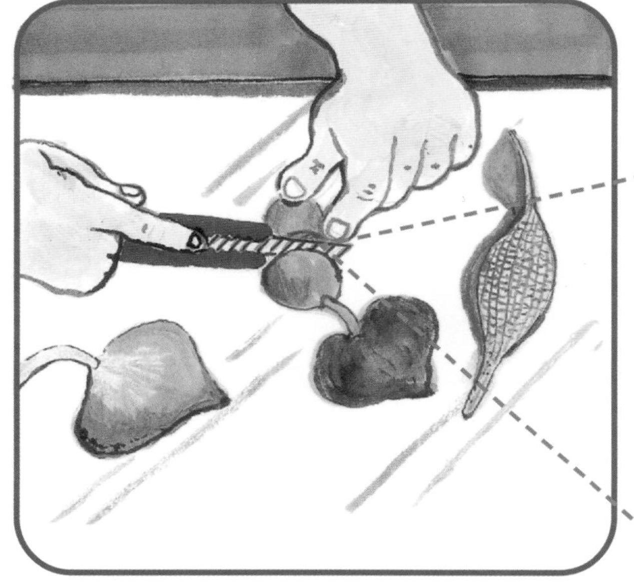

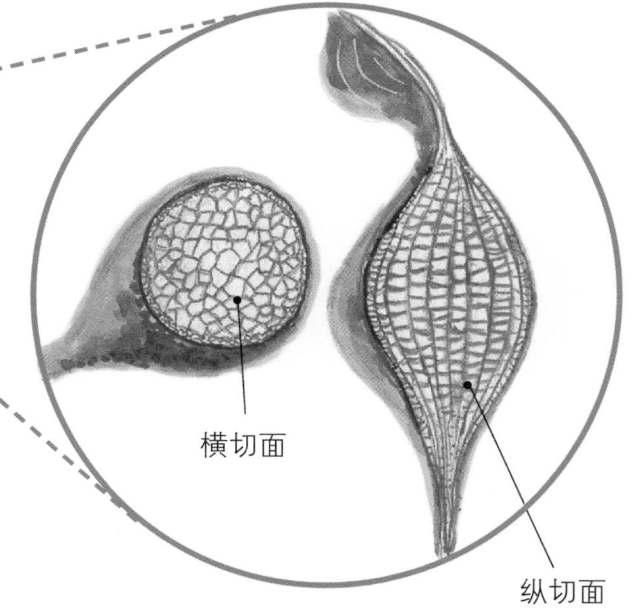

❷ 切开凤眼蓝的叶柄，一个横向切，另一个纵向切。用刀的时候注意安全。

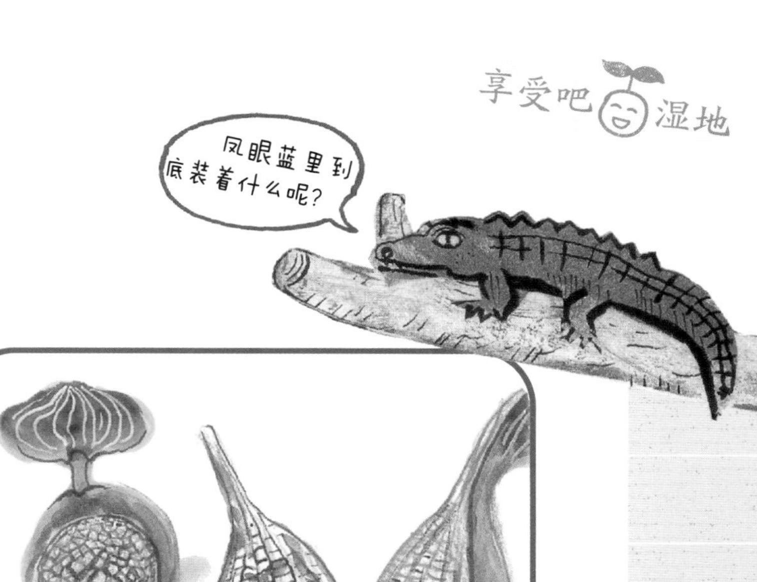

③ 切好之后，把切面涂成蓝色，再像印章一样印在白纸上，这样便于更仔细地观察。

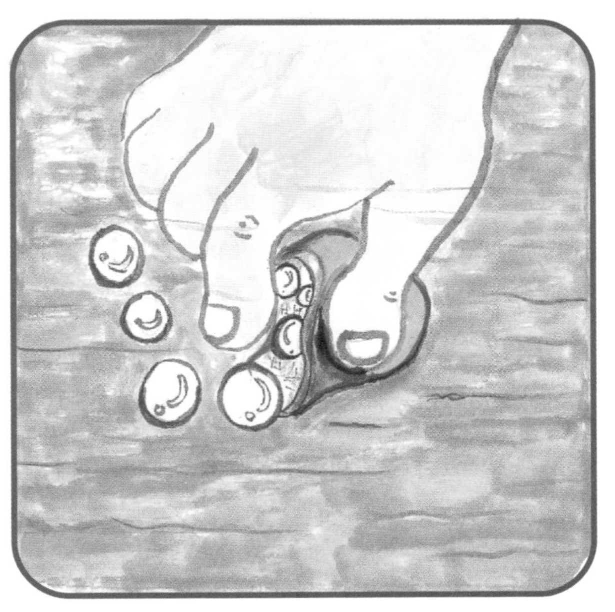

④ 把切开的凤眼蓝放进水里，用手轻轻地挤一挤，可以看到水泡咕噜咕噜地往上冒，这是因为凤眼蓝的叶柄里充满了空气。有了这些空气，凤眼蓝才能浮在水面上。

珍惜湿地

为了保护珍贵的湿地，我们必须了解它。亲自走近湿地去观察，寻找保护湿地的方法吧！

保护湿地

湿地里的一草一木和每一块石头，都努力发挥着自己的作用。为了不让湿地从地球上消失，我们一定要用心保护它。

湿地是大自然赐予我们的宝贵财富。珍惜湿地资源，合理开发利用，我们才能长长久久地与湿地共同生存下去。

为保护湿地添加一份力量

为了地球上的湿地不再继续消失，我们要付出许多努力。关注湿地变化，改善湿地生态环境，减少环境污染……小小的努力聚沙成塔，我们才能一起生活在美好的地球家园。

作者说

作为水域和陆地的交汇地带，全世界的湿地都有着自己独特的风貌。水的深浅不同，光照不同，海拔不同，都会给每一片湿地带来独一无二的生态环境。湿地里生长的动植物都身怀不可思议的生存绝技。

湿地作为“地球之肾”，是大自然赐予我们的宝藏。湿地不仅是候鸟繁衍生息的家园，而且是人类丰富的食物来源地之一。湿地的蓄水能力和净水能力惊人，不仅减轻了雨季的洪涝灾害，而且给旱季的土地带来生的希望。湿地植物年复一年地为地球制造氧气，凋落后深埋地下，化为珍贵的煤炭，成为重要能源。

如此宝贵的湿地，由于人类过度开发和改造，正在以越来越快的速度从地球上消失。希望小朋友们读过这本书之后，认识到湿地的重要性，感受到湿地的无限魅力，从我做起，保护湿地，保护我们美好的地球家园。

李孝慧美

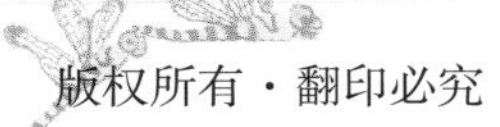

图书在版编目（CIP）数据

神奇的自然学校. 湿地的秘密/（韩）李孝慧美著；（韩）李海丁绘；崔瑛译. —沈阳：辽宁科学技术出版社，2021.3
ISBN 978-7-5591-1495-2

Ⅰ. ①神… Ⅱ. ①李… ② 李… ③崔… Ⅲ. ①自然科学–儿童读物 ②沼泽化地–儿童读物 Ⅳ. ① N49 ② P931.7-49

中国版本图书馆CIP数据核字（2020）第016488号

出版发行：辽宁科学技术出版社
（地址：沈阳市和平区十一纬路 25 号 邮编：110003）
印 刷 者：上海利丰雅高印刷有限公司
经 销 者：各地新华书店
幅面尺寸：230mm × 300mm
印 张：5.25
字 数：100 千字
出版时间：2021 年 3 月第 1 版
印刷时间：2021 年 3 月第 1 次印刷
责任编辑：姜 璐 许晓倩
封面设计：吴晔菲
版式设计：吴晔菲
责任校对：闻 洋 王春茹

书 号：ISBN 978-7-5591-1495-2
定 价：32.00 元

投稿热线：024-23284062
邮购热线：024-23284502
E-mail：1187962917@qq.com